いつ？どこで？
ビジュアル版
巨大地震のしくみ
③地震！そのとき!! 防災チェック

はじ

過去に世界で起きた大きな地震のほぼ10回に1回は日本やその周辺地域で発生していると言われます。日本列島の地震は活発な時期と比較的おだやかな時期があり、大きなサイクルの中で今は活動期に入ったとされています。2011年に発生したマグニチュード（M）9.0の東北地方太平洋沖地震以来、日本列島は全国規模でさまざま地震に見舞われています。南海トラフの巨大海溝型地震も首都直下地震も、今後30年以内に70％の確率で起きるとされており、防災対策が急がれています。

地球はダイナミックに活動していて、いつ、どこで地震が起きても不思議ではありません。

日本列島は、北米プレート、太平洋プレート、フィリピン海プレート、

め　に

ユーラシアプレートの4枚のプレート境界がひしめき合う場所にあり、太古より巨大地震に見舞われてきました。まさに“地震大国”である日本はその経験を積み重ねて防災学を発展させてきました。地震の脅威から命を守るには、正しい防災の知識を身につけることがなにより大切です。

『ビジュアル版　巨大地震のしくみ』第3巻は、最新の防災学を少しでも多くのみなさんに知ってもらい、理解を深めてもらうためにつくられました。防災は心構えが基本です。自分や家族の命を守るための正しい知識を身につけて対策を施し、いつ大きな地震が来てもパニックにならず、落ち着いて行動できるようにしておきましょう。

目

次

自分の住む町の危険度ランクを知ろう！

日本列島で地震の危険度（ハザード）が高い地域はどこ？

まず、自分の住んでいる町が、大きな地震によってどれくらいの揺れに襲われる可能性があるのかを知っておきましょう。

●ネットで自分の住む地域の危険度をチェックしてみよう！

ある場所の地震危険度というのは、南海トラフ地震や首都直下地震など、いろいろな場所で発生する地震の大きさ（マグニチュード［M］）とその発生確率、およびそれによって引き起こされる各地の地面の揺れの大きさ（震度）から計算され、たとえば、「今後 30 年以内に発生する最大震度が6強」といった数字になります。一般に小さな地震は地下で日常的に起きていて、大規模地震はまれにしか起こらないので、10年とか1年といった短期間の最大予測震度は小さくなります。あなたの町で1か月以内に感じる地震の震度はいくつかと問われれば、震度ゼロとか震度1という数字になる可能性が高いでしょう。逆に300年後までならば巨大地震が確実に起きるので震度6強といった大きな値になります。この震度の値は、あなたの住んでいる場所が、南海トラフ巨大地震や、首都直下地震などの震源地にどれだけ近いかと、土地の地盤によって大きく変わります。

今後30年以内の地震の危険度
（震度6弱以上の揺れに見舞われる確率［%］）

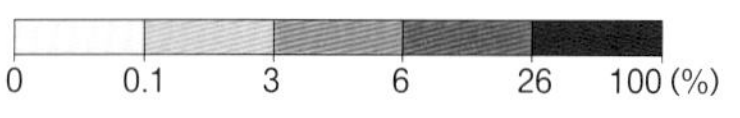

▲図は、J-SHIS「2019年基準 確率論的地震動予測地図」。南海トラフや首都直下などさまざまな地震の発生確率と、それぞれの場所での地盤の地震動の増幅度を考慮して今後30年以内の強い揺れに見舞われる確率を示したもので、赤が濃いほど危険度の高い場所です。

出典：防災科学技術研究所「J-SHIS（地震ハザードステーション） Map」

●「表層地盤増幅率」ってなんだろう？

海岸の埋め立て地や河川の低地、あるいは新しい宅地造成地などは柔らかい地盤でできています。地盤が柔らかいと地震の揺れは大きくなります。地盤の揺れやすさを「表層地盤増幅率」と言い、地盤をボーリングしたり、地震計を置いて普段の微小な揺れを測定したりして推定することができます。

このようにして、日本全国を色分けで示した地震危険度の地図が防災科学技術研究所の「J-SHIS Map」で見ることができます。「J-SHIS Map」には、ほかにも全国の主要活断層帯や想定地震が起きた時の各地の震度など、政府機関の地震調査研究推進本部が発表したさまざまな地震データが表示されます。自分でチェックしてみて、家族や友達にも教えてあげましょう。

●狭い路地や木造家屋が密集した地域は危険度が高い！

東京都は 2018 年、大規模地震による建物の倒壊や火災の危険性について、地域別に5段階のランクを判断した「危険度ランク」を公表しました。危険度が最も高い「5」は、地盤が弱く、古い木造住宅が密集する荒川や隅田川沿いの下町一帯（木密地域）を中心とする85地域で、とくに足立区、荒川区、墨田区に集中しています。木密地域や宅地開発で耐火性能の低い木造家屋が増えている地域で危険度が高い傾向にあることがわかりました。

2番目に危険度が高い「4」は287地域、「3」は820地域。23区東部の下町地域以外では、品川区や大田区の一部、中野区や杉並区のJR中央線沿線などで危険度「4～5」の地域が広がっています。

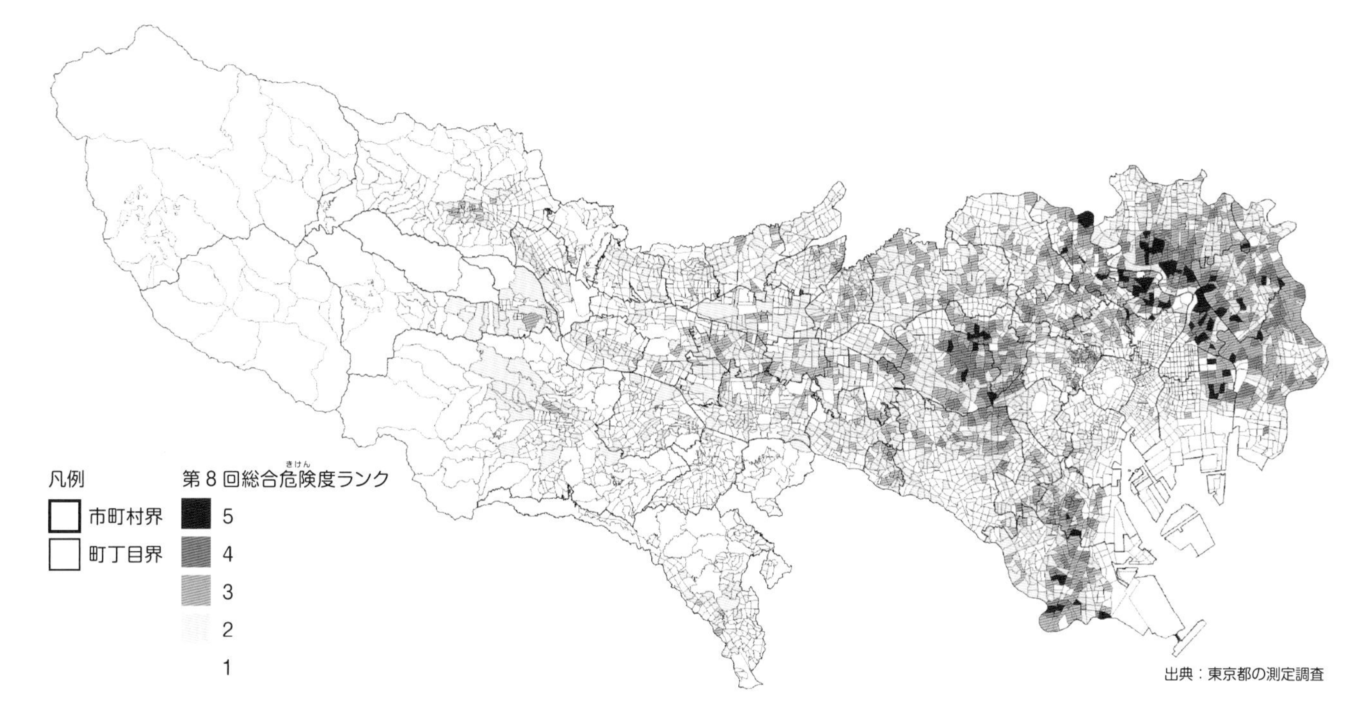

出典：東京都の測定調査

南海地震の最大震度と津波の高さは？

南海地震が活動期に入りつつあり、いつ起きても不思議ではありません。
地震が発生した時の自分の
住んでいる地域の震度や津波の高さを前もって知っておきましょう。

●最大震度7、太平洋沿岸の広い地域に10メートルの津波が押し寄せる！

政府の中央防災会議は、科学的に想定される最大クラスの南海トラフ地震が発生した際の被害想定を公表。南海トラフ地震がひとたび発生すると静岡県から宮崎県にかけての一部では震度7となる可能性が指摘されています。それに隣接する周辺の広い地域では震度6強から6弱の強い揺れが想定され、関東地方から九州地方にかけての太平洋沿岸の広いエリアに3メートル（一部地域は10メートル）を超える大きな津波が押し寄せると予想されています。（図1は2013年に公表された震度分布図です）

●3～10 メートル以上の津波が押し寄せる確率が「30 年以内に 26% 以上」！

政府の地震調査委員会は2020年1月に、新たに将来の発生が懸念される南海トラフ地震で西日本から東日本の各地を襲う津波の確率を公表。太平洋側や瀬戸内の352市区町村のそれぞれについて、3～10メートル以上の津波が押し寄せる確率を「30 年以内に 26% 以上」などとしています。

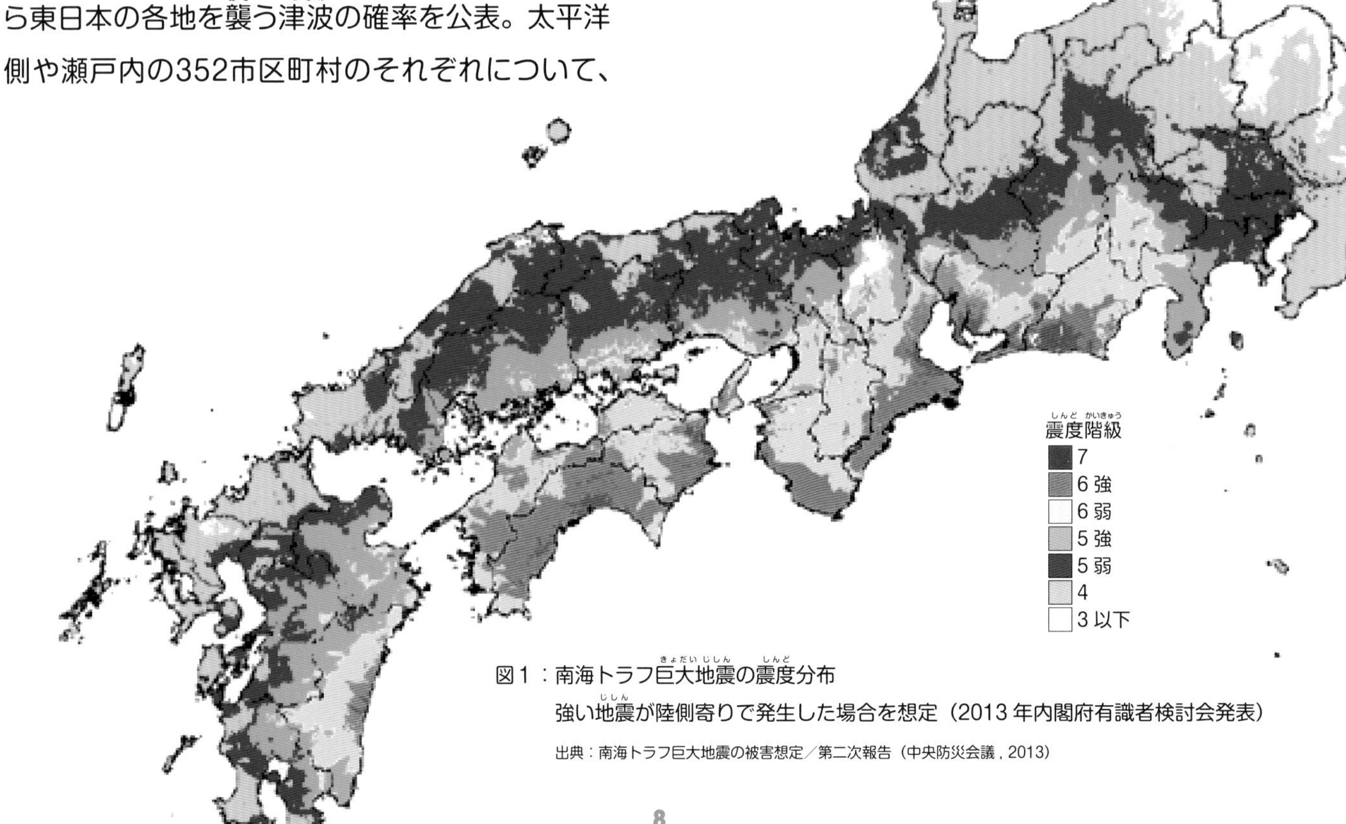

図１：南海トラフ巨大地震の震度分布
強い地震が陸側寄りで発生した場合を想定（2013 年内閣府有識者検討会発表）
出典：南海トラフ巨大地震の被害想定／第二次報告（中央防災会議，2013）

●新たに確率を「6% 未満」「6% 以上 26% 未満」「26% 以上」の3段階で表示！

これまで南海トラフ地震については、2012年にマグニチュード（M）9.1 クラスの最大級の地震で最大約34メートルの津波が来ると推計していましたが、新たに最大級の地震を除いて30年以内に70～80%の確率で起きるとされるグニチュード（M）8～9クラスを想定。津波の高さを「3メートル以上」「5メートル以上」「10メートル以上」の3つに分類して、30年以内に押し寄せる確率を算定。確率は「6%未満」「6%以上26%未満」「26%以上」の3段階で示されるようになりました。（図2は2013年に作成されたもので6段階で表示されています）

▲2011年3月の東北地方太平洋沖地震

▲巨大津波のイメージ

図2：南海トラフ巨大地震の津波高
（「駿河湾～愛知県東部沖」と「三重県南部沖～徳島県沖」に「大すべり域＋超大すべり域」を2箇所設定した場合）

出典：南海トラフ巨大地震の被害想定／第二次報告（中央防災会議，2013）

南海地震と首都直下地震の被害想定は？

南海地震の被害想定はどれくらい?

100年から200年間隔で起きるとされる南海地震は、過去に甚大な被害をもたらしました。南海・東南海・東海地震の3つの巨大地震が連動して起きることも予想され、被害の範囲と規模が拡大する恐れがあります。

●東北地方太平洋沖地震の 15 倍以上の被害が想定される?

・マグニチュード（M）は 9.1（東北地方太平洋沖地震は 9.0）
・10 メートル超の津波が押し寄せる
　高知県では34メートル（マンションの10階の高さ）の津波が想定される
・死者や行方不明者は約32万3千人
・経済損失は約220兆円

▲2011 年3月の東北地方太平洋沖地震

首都直下地震の被害想定はどのくらい?

首都圏には高層ビルが建ち並び、家屋が密集した地域がたくさんあります。各研究機関のシミュレーションなどによって、過去の想定を上回る甚大な被害が予想されます。

●都心南部ではマグニチュード（M）7.3の大地震が想定される!

・マグニチュード（M）7.3（最大震度は7）
・負傷者の総数は約14万7千人
・死者は約2万3千人
・重傷者は約2万1千人
・家屋全壊は17万5千棟
・家屋の消失は41万2千棟
・震度7で 92.9%の列車が脱線
・経済損失は約95兆円

▲1995 年1月の兵庫県南部地震

巨大地震のあと、何が起こるのだろう？ Next

巨大地震によるさまざまな災害と心理

巨大地震によって引き起こされる津波や火災とは？

直下地震は、マグニチュード（M）の規模が小さくても真下で起こるので被害の規模が大きくなり、海溝型地震では津波が脅威となります。津波や火災のメカニズムを知って適切な行動を心がけましょう。

●津波発生のメカニズム

マグニチュード（M）7～7.5クラス以上のプレート境界型地震が発生すると大きな津波が起こる可能性があります。地震が起きると海底が上がったり下がったりします。それにより海水が上下に動いて津波となるのです。津波の規模は地震による断層のズレや面積に比例して大きくなります。とくに湾岸に近づいて水深が浅くなると、波の高さが増して陸地をかけ上がり大きな被害をおよぼすことがあります。

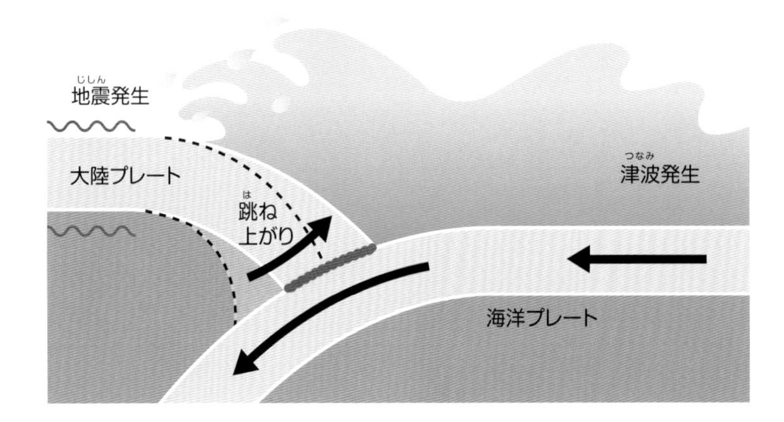

●火災のメカニズム

1923年の大正関東地震（マグニチュード［M］7.9）は海溝型地震でしたが、火災旋風（炎が竜巻のようになる現象）などで約10万5千人もの命が奪われました。ビルが密集している場所では、気流が起こり渦が巻きやすいため火災旋風が発生する恐れがあります。いったん火災旋風が起きると燃える速さも勢いも増し、大きなものは直径数10メートル、高さが200メートルになると予想されます。

▲巨大火災のイメージ

●地震洪水のメカニズム

巨大地震と連続する余震によって河川の堤防が決壊して洪水が発生する恐れが指摘されています。河川沿いの海抜ゼロメートル地帯に住む人々に大きな被害を与え、さらに都心の地下鉄や地下街にも濁流が押し寄せて水没する危険性があります。

●液状化のメカニズム

都心を含む関東地方は比較的軟弱な地層の上にあり、巨大地震の揺れによって地盤の沈下や液状化などを誘発。家屋の倒壊などが予想されます。

●ブラックアウト（停電）

2019年に発生した北海道胆振地震では1か月間におよび北海道全域が停電になりました。また、同じ年の台風19号でも千葉県の一部地域が長期間停電し、医療や生活などのライフラインに大きな影響をおよぼしました。首都直下地震では、電力の復旧まで早くて1週間以上かかるとされます。

巨大地震は心理的パニックも引き起こす!

突然襲い来る巨大地震。パニック状態の中、間違った行動や情報は大きなリスクとなります。リスクを回避するには、周囲に同調せず、冷静に自分で判断することが重要。そのためにも事前の準備と心の備えをしておくことが大切です。

●群衆なだれ

逃げ惑う人々のパニックによって群衆が狭い場所に押し寄せ、1人が転倒することで将棋倒しがなだれ（群衆なだれ）のように起きて圧死者が続出することが予想されます。

●噂やデマが飛び交う

被災時には SNS などでさまざまな情報が発信されることが予想されます。その中にはパニックが引き起こした、たんなる噂やデマなどの間違った情報も含まれます。情報をうのみにせず、複数の情報を比較しながら冷静に判断して適切な行動を取るよう心がけましょう。

★パニックはどうして起きるのだろう?

パニックとは、恐怖や不安によって人々がヒステリックになり、その場からいっせいに逃げ出したり動けなくなったりする状態のことです。地震でいちばん怖いのがこの心理状態に陥ることだと言われます。

★同調バイアス（偏り・傾向）って何?

災害時などでは、適切な判断をすれば助かっていたのにといったケースが多く見られます。これは大勢の人が同じ行動を取ると、自分で判断せずに同調していっしょに行動してしまう「同調バイアス」がかかるからだと考えられています。逆に自分の経験や体験を過信して、異常事態でも正常な範囲内にあると判断ミスを犯してしまう「正常性バイアス」があります。大丈夫だという思い込みが油断となって思わぬ危険にさらされるのです。

「防災」の心の準備をしよう! Next

防災編

地震が来る前にしておくこと

「備えのトライアングル（防災のスパイラル）」とは？

まず、巨大地震によって引き起こされるさまざまな現象や心理を前もって知っておく。そのことを忘れないよういつも心とモノの準備をしておく。この「知識」と「危機意識」と「備え」をくり返すことを「備えのトライアングル（防災のスパイラル）」と言い、「備え」をより強固にするとされます。

防災チェック 1 心の準備

防災用語に「避難スイッチ」というものがあります。避難情報だけでは避難しない場合が多いのですが、危険性を自分の眼で確認して、はじめて人は避難行動を起こすと言われます。環境の異変に気づいた時、たとえば巨大地震によって建物が傾いたり、火災が発生する危険性などを察知したら、それをきっかけにして「避難スイッチ」を ON にする。ふだんから避難行動の基準を自分なりに決めて心の準備をしておくことがとても大切です。自分の命は自分で守る。災害時にはみんなパニック状態に陥って、適切に行動できなくなってしまう恐れがあります。人に頼ることなく自分で適切に判断することがリスク回避の必須の条件と言えます。

●頭の中でシミュレーション体験をしておこう！

もし、いま直下地震や海溝型地震が起きたら！頭の中でくり返しバーチャル（仮想）体験をしてみたり、行動をシミュレーション体験することで、実際に巨大地震が発生した時にあわてず行動できるようになります。

●巨大地震が発生した時、実際に自分の身に起きると予想されることを作文にしてみる。

●1人ひとり、自分のオリジナル防災マニュアルをつくってみる。

●つくった作文や防災マニュアルを実際に家庭や学校で発表してみる。

●自分なりに考えた防災標語でカルタやすごろくなどをつくってみる。

★興味や関心のないこともゲーム感覚だと身につく？

リハーサルをしてから本番に臨む俳優のように、事前にシミュレーションをしておくと、非常時にもあわてず落ち着いて行動できるようになります。興味や関心がないことでも自分の好きなゲームやアニメのキャラクターなどを想像しながら、たとえば「非常時脱出」ゲームとか、避難所までさまざまな障害物（火災・倒壊建物・水道管破裂・電柱倒壊・・・）を想定して辿り着く「すごろく」ゲームなどを自分でつくってシミュレーションしておくのもひとつの方法かもしれません。

防災チェック 2 事前対策

地震による被害をゼロにはできませんが、備え次第で減らすことはできます。減災のために必要な「減災グッズ」や避難生活に役立つ「便利グッズ」などをピックアップしました。被害の軽減に役立てましょう。

●これだけは揃えておきたい！事前に備えておくと安心な「減災グッズ」！

巨大地震の揺れで家具が倒れると避難路をふさいだり、転倒家具の下敷きなって怪我をする恐れがあります。ふだんから部屋の中を整理してすっきり片づけておくことがまず第一！そのうえで家具などが凶器とならないようしっかり対策をしておきましょう。

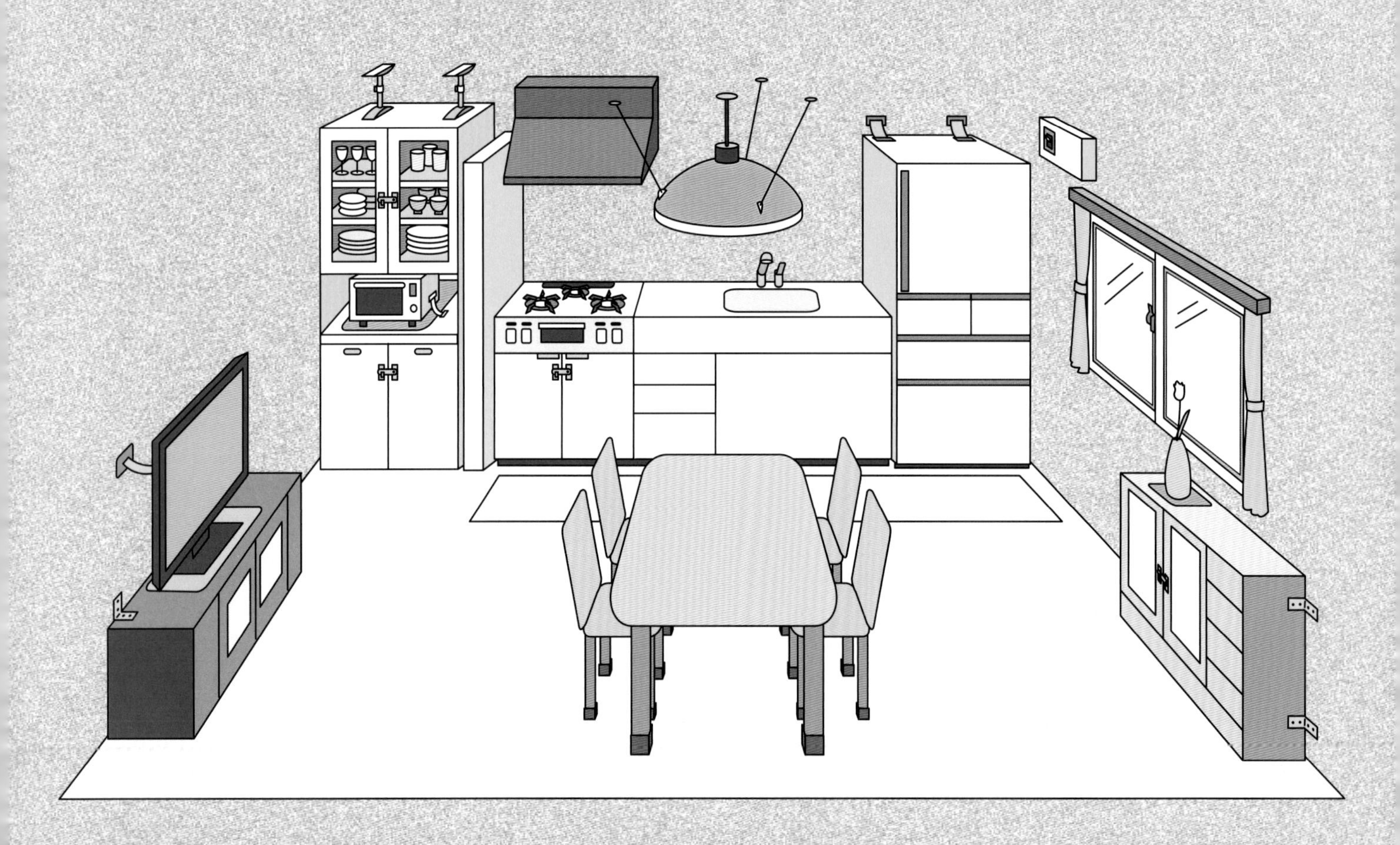

●家具の固定具（転倒防止）／引き出しストッパー（机やキッチンの引き出しの飛び出しを防止）／感震ブレーカー（大きな振動で自動的にブレーカーを落とす）／滑り止めシート（電化製品や小物類が飛び散らないようにする）／消火器&消火剤／窓ガラスの飛散防止シート／テレビ用耐震ジェルマット

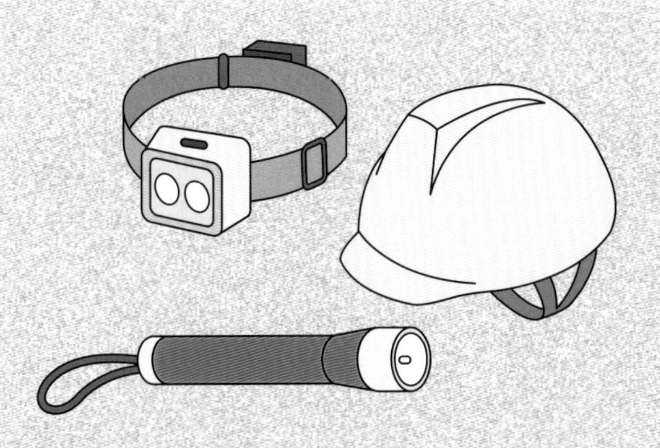

●ヘルメット／ヘッドライト／懐中電灯（LED）

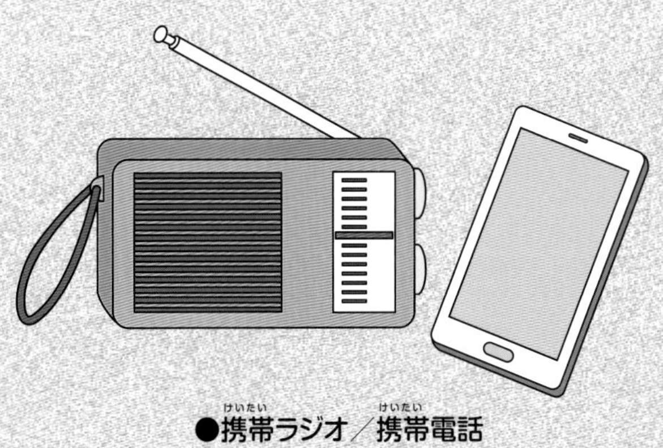

●携帯ラジオ／携帯電話

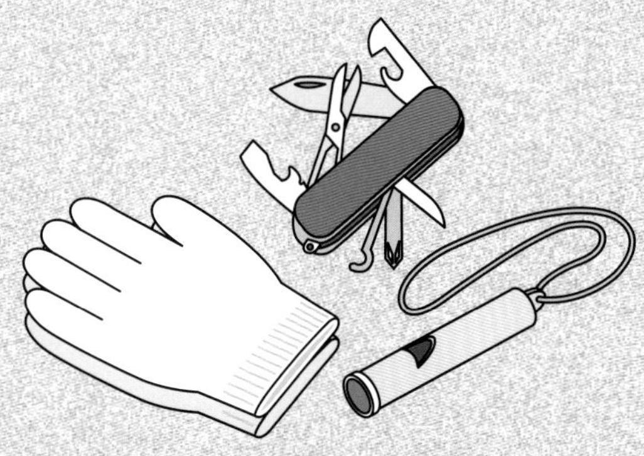

●手袋／ホイッスル／万能ナイフ

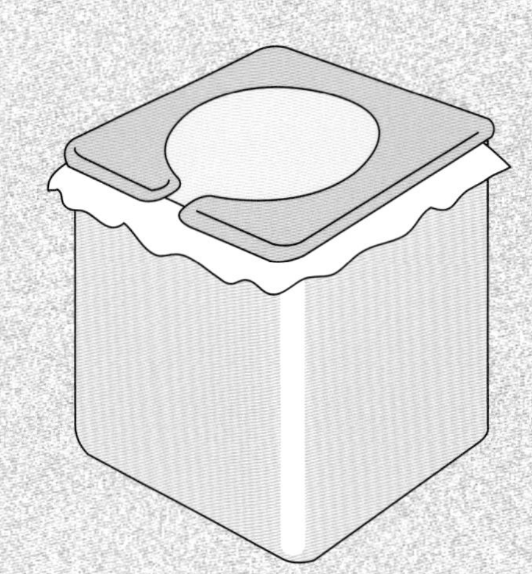

●簡易トイレ

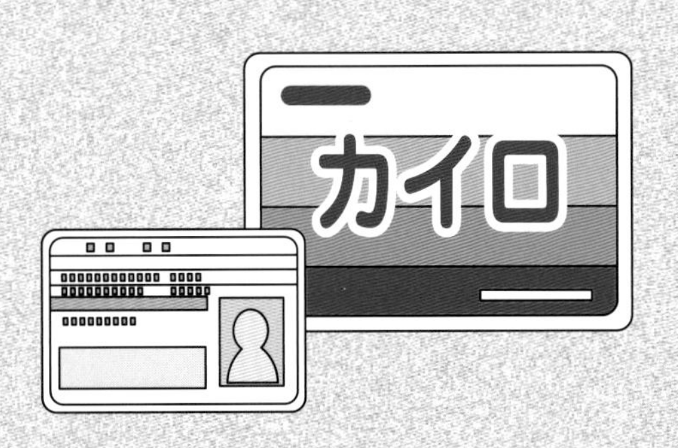

●身分証明書／使い捨てカイロ

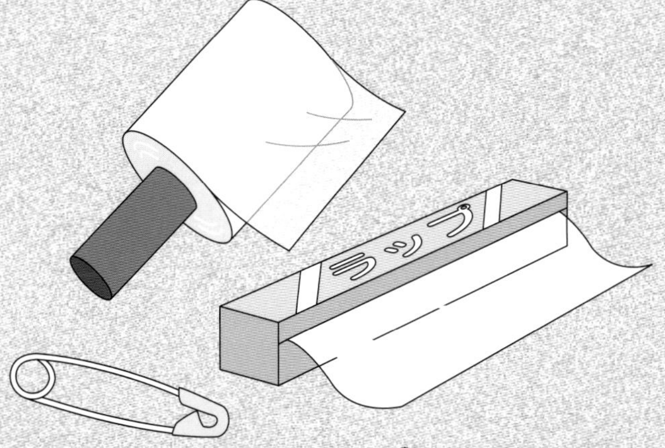

●安全ピン（バスタオルなどを体に巻いて止めるのに便利）／包装ラップ

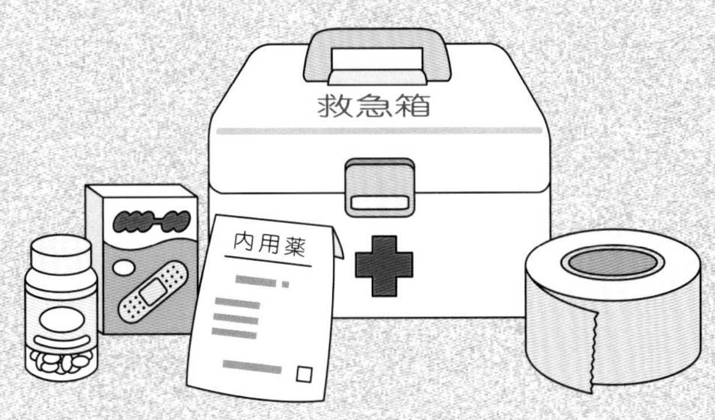

●救急用品セット&常備薬／粘着テープ

●“日常備蓄”を習慣づけよう!

食料品や飲料水の備蓄は、万が一の時に生き延びるための必須条件と言えます。被災後コンビニやスーパーなども同様に被災して機能しなくなり、食品類や飲料水を入手するのは困難になります。食料品や日用品は使いながら買い足していくローリングストック法で、無駄なく、つねに備蓄状態を維持しましょう。

水

ペットボトルは2週間で日本中からなくなると予測されています。大人が1日に必要とされる水は3リットル。これを目安に家族の人数に応じて最低でも1週間分は備蓄が必要です。

保存食

乾パン、ビスケット、無洗米、レトルト食品、缶詰、チーズ、かまぼこ、野菜ジュース、栄養補助食品などをストックしておくと“いざ”という時に安心。最低１週間分は必要です。期限切れの前に古いモノから順に消費して、減った分を補充していきましょう。

●避難生活応援グッズ

避難所では生活が長期にわたることも予想されます。避難生活で、あると便利なグッズをピックアップしました。周囲の人たちとも助け合いながらライフラインが復旧するまで頑張りましょう。

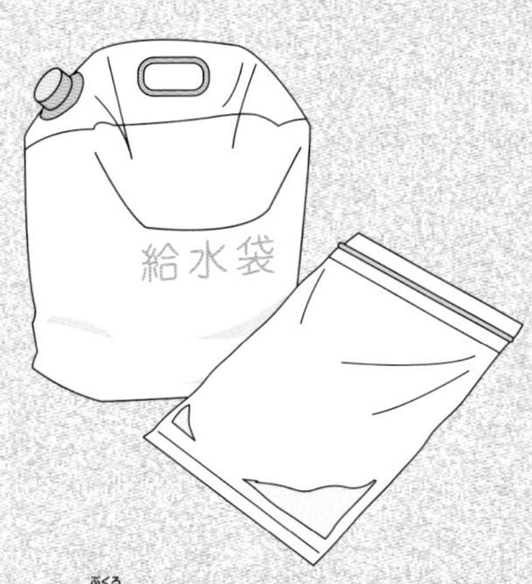

●給水袋（給水の際に水を入れて運ぶのに便利）／ジッパーつきポリ袋

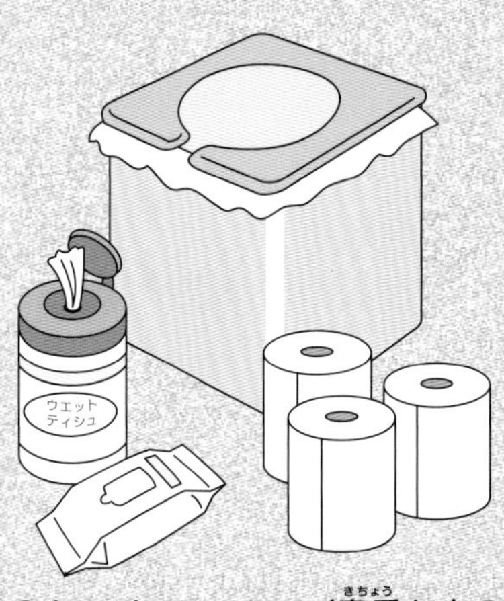

●ウェットティッシュ（貴重な水の節約に便利）／簡易トイレ袋&トイレットペーパー

●マスク／タオル／雨具／掃除用具

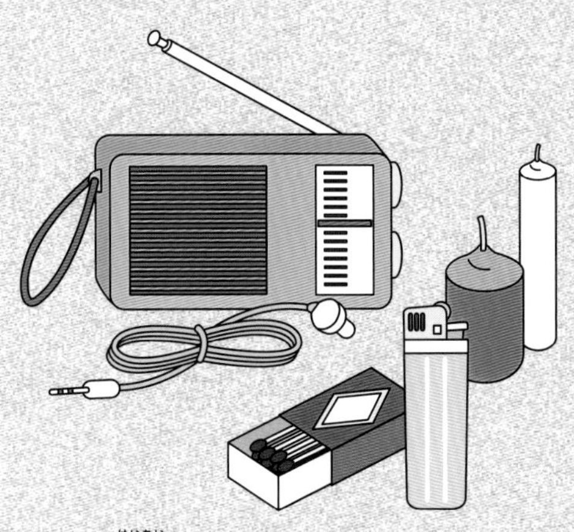

●携帯ラジオ&イヤホン／マッチ&ライター／ろうそく

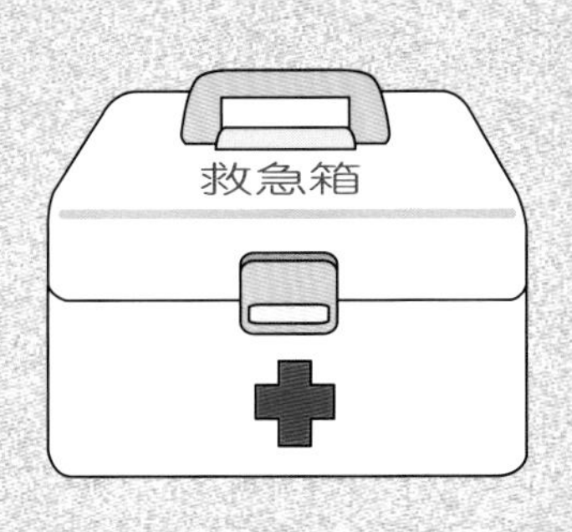

●救急用品セット（応急手当て用具）

●カセットコンロ&ガスボンベ／携帯食品

●ランタン／ブルーシート／浄水器

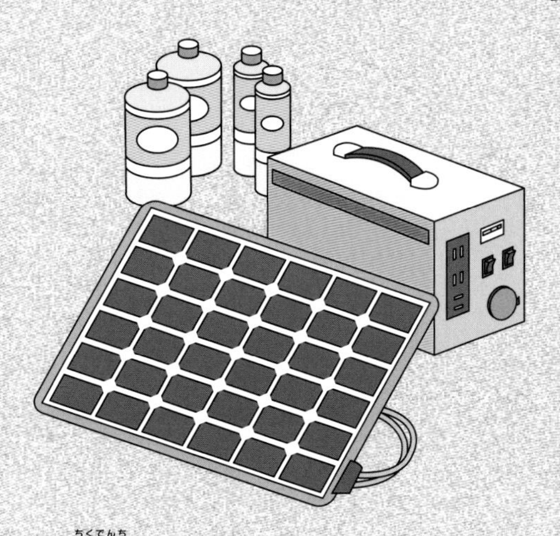

●蓄電池／小型ソーラーパネルシート

●連絡メモ&筆記具

防災チェック 3

地震発生時の初期行動

突然やって来る巨大地震。その時にパニックにならずに適切な行動を取ることで怪我や生命の危機を回避することができます。

●自分のオリジナル防災マニュアルをつくっておこう!

「自分のオリジナル防災マニュアル」を事前につくっておくことはとても大切なことです。自分のため、家族のため、そしてみんなの命を守るために、パニックにならずに落ち着いて行動できるように、つくったマニュアルを見える所に貼っておいたり、つねに携帯するよう心がけましょう。

●小さな揺れの後に大きな揺れが！ 本震の後にも余震が続く！

地震は最初に揺れの小さなＰ波が来て、そのあとに大きな揺れのＳ波が来ます。最初の揺れを感じた時に心の準備をして、大きな揺れが来たら即座に行動するよう日頃から心の備えをしておきましょう。また、大きな揺れが収まっても続いて余震が来ることもしっかり心に刻んでおきましょう。ここでは、最低限必要な初期の10の行動を紹介します。

1 すぐに身を守る体勢を取る！ 転倒・落下物から身を守る。

家の中や学校にいる時に地震が起きたら、まず天井からの落下物や転倒する家具などから身を守るために頭をクッションやカバンなどで保護しながら身をかがめることが重要です。

2 揺れが収まったら、すぐ靴を履いてドアを開ける。

地震は南海トラフのような海溝型地震や活断層による直下地震など、それぞれ揺れの続く時間には差がありますが、数十秒から長くても数分くらいで収まるとされます。揺れが収まったらすぐに靴を履いてドアを開け、避難路を確保するようにしましょう。

*1995年に発生した活断層による兵庫県南部地震（阪神淡路大震災）では強い揺れが10秒程度、2011年の東北地方太平洋沖地震では震度4以上の揺れが3分10秒続いたという報告があります。海溝型の南海トラフ地震による「強い揺れ」は短くても30秒以上続くと予想されています。

3 台所などから出火してもまず身の安全を確保！

台所で火を使っている時に地震が起きたら・・？ 以前は「地震だ、火を消せ!」でしたが、やけどの危険性などもあり、いまは「まず身の安全の確保が先！コンロの火を消すのは揺れが収まってから」と優先順位が変わりました。最近の都市ガスでは地震を感知して自動的にガスが止まるシステムが採用されています。もしも出火した際には揺れが少し収まってから消火に当たりましょう。台所の近くに消火器を置いておくと安心です。

4 水を確保する！

水は貴重な生命線。大人の人で1日3リットルの水分摂取が必要とされます。玄関近くの避難路などに家族合わせて最低7日分ほどのペットボトルを用意しておきましょう。

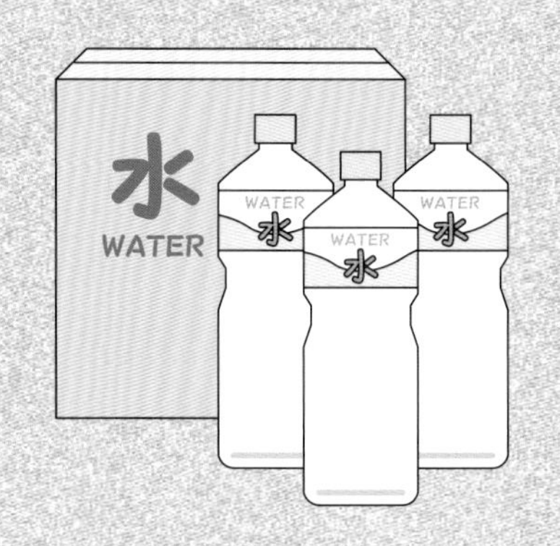

5 状況を確認して必要なら避難する！

あわてずに、揺れが収まったら周囲の状況を確認しましょう。テレビやラジオ、スマホなどで情報を収集し、家族や友人がいれば声をかけ合い必要なら避難しましょう。

6 避難時に火事を見たら即座に遠ざかる！

避難ルートで火災に出会ったら即座に回避してください。小さな火災でも他の火災を巻き込んで巨大な火災旋風になる恐れがあります。遠くの火災でもあっという間に燃え広がって逃げ場を失いかねません。

7 避難時には、電気のブレーカーを落とす！

地震の強い揺れや落下物などで電気の配線が切断される恐れがあります。電気が復旧するとショートしたコードから出火して火災が発生するというケースが多くあります。避難する時には電気のブレーカーを落とすのを忘れずに！振動すると自動的にブレーカーを落とす「感震ブレーカー」を設置すると安心です。

8 火元やコンセントを確認する！

なによりも自分の家から火を出さないこと。避難時には火元やコンセントの確認が大切です。普段からあまり使わない電気器具のコンセントは抜いてコンセントキャップをはめておきましょう。

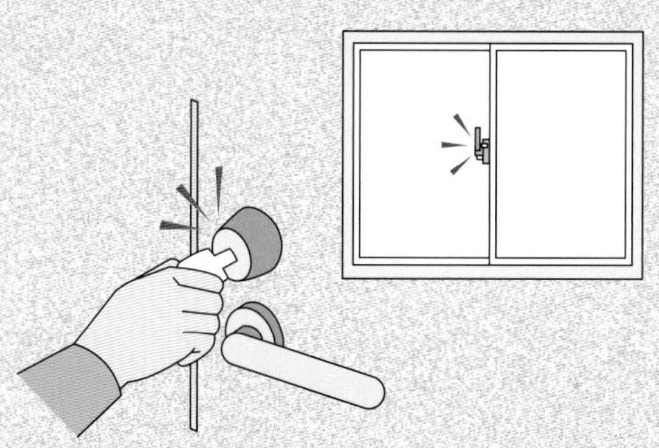

9 家の窓やドアのカギを閉める！

家を離れる時には窓やドアのカギのかけ忘れにご用心！不審者の侵入や盗難を防ぐためにもぜひ心がけてください。

10 避難時には家族の状況や避難先のメモを残す！

家族全員で避難する場合は不要ですが、誰か1人でも不在の時には現在の家族の状況や避難先のメモを残しておくと安心です。

「命を守る（救命）」ための心の準備をしよう！ Next

生き延びるテクニック

地震が起きた後、どうすればいいのだろう?

いったん揺れが収まっても、その後に続く余震でさらに状況が悪化することが予想されます。火災旋風や洪水の危険に巻き込まれないようにするために。また、怪我をしたり動けなくなった時にはどう対処すればいいのかなど、生き延びるためのテクニックを紹介します。事前に身につけておけば“いざ”という時に安心です。

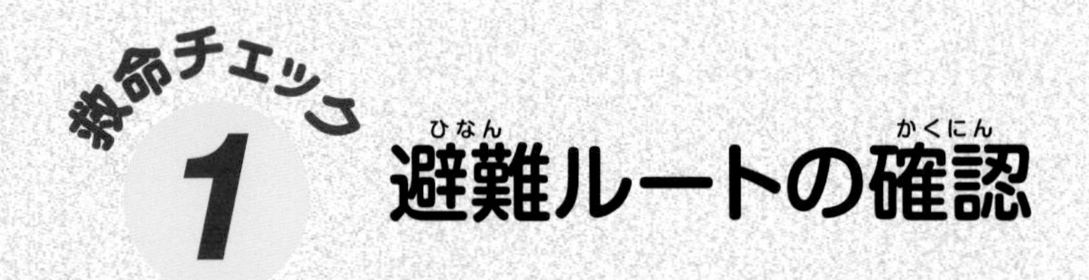

避難ルートの確認

まず事前に自分の住んでいる地域の指定避難所を確認しておく。木密地域の場合は火災旋風に巻き込まれないよう、少し遠くてもできるだけ大きな避難所のほうが安全です。1923年の大正関東地震では安全とされた避難所が火災旋風に巻き込まれ、多くの犠牲者を出しています。

各地域の防災マップやネットを検索してあらかじめ避難所までのルートを確認しておきましょう。

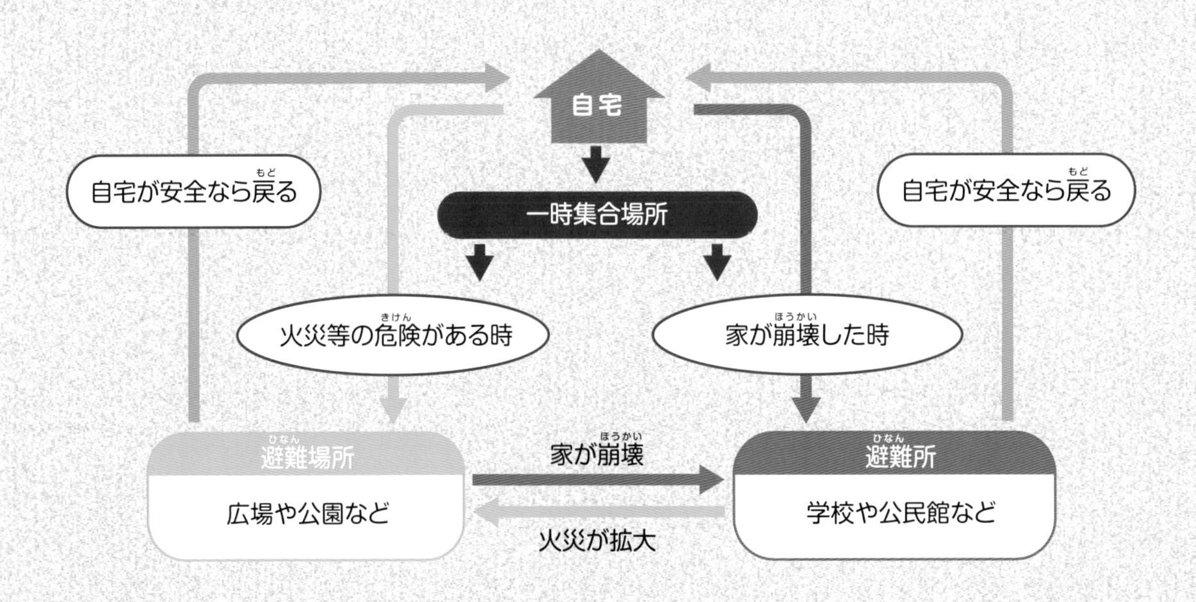

救命チェック 2

TPO（それぞれの場所での対処）

もし、電車や地下鉄に乗っている時に大地震に襲われたら? 地下街や高層ビルにいる時だったら? それぞれの場所における対処法を紹介します。

電車や地下鉄

電車や地下鉄に乗っている時に巨大地震が起きたら、対向車両の危険があるので「絶対に勝手に車外に出ない」こと。とくに地下鉄は真っ暗闇の中、落下物やさまざまな障害物があって危険度が増します。訓練された乗務員の指示に従うことが大切です。

地下街

地下街にいたらとにかく地上へ。ただしパニックは避ける。この2大原則を忘れないように。地下は地上にくらべて地震の揺れが小さいとされますが、停電になると暗闇でパニックを起こしたり、洪水が押し寄せて脱出不能となる危険性が大きいのです。

超高層ビルやマンション

超高層ビルは免震システムを採用したりして地震に強いと言われます。高層階ほど揺れは大きくなりますが、あわてて逃げようとせずに揺れが収まるのを待つのが賢明です。

屋外や繁華街

駅周辺や繁華街などでは、ビルのガラスやタイルの破片、店舗の看板などがはがれて頭上に落ちてきます。また、自動販売機や電柱が倒れる危険性もあり、最悪の場合、古いビルなどは倒壊の恐れもあります。まず、転倒しないよう身をかがめ、丈夫なランドセルやカバン、上着、コートなどで頭部を保護することが大切です。

学校

1981年以降に建てられた建築物は「新耐震基準（震度5強程度では損傷しない。震度6強～7程度でも倒壊や崩壊しない）」に基づいています。とくに学校や病院、公共施設などはさらに強化されているので倒壊の恐れはないと思われます。揺れが収まるまで屋内にとどまった方が安全とされますが、窓ガラスの破片や天井からの落下物には十分に注意を払う必要があります。揺れが収まった後、海辺に近い学校では、校庭に避難するよりも少しでも高い場所を目指して急ぎ逃げるようにしましょう。

エレベーター

エレベーターに乗っている時に地震に襲われたら、まずすべての階のボタンを押して外に出ること（強い揺れを感知すると最寄り階に自動停止するエレベーターもあります）。最寄り階で停止したら降りて非常階段を利用してください。

家の中

自宅内では、キッチンはもっとも危険な場所で、本棚などの家具のない場所に避難し、頭部を保護しながら揺れが収まるの待つことが最善です。トイレにいた時は、まずは扉を開けて逃げ道を確保する。風呂場なら、洗面器などで頭部を守り扉を開ける。そして寒い季節はつねにバスタオルを風呂場に持って入り防寒具にすると暖が取れます。もし就寝中なら、枕で頭を保護して、移動する時はベッド脇に用意したシューズを着用すると床に散ったガラス片などから足の怪我を防ぐのに効果的です。

＊日頃からベッド脇にシューズを用意しておきましょう。

連絡手段

安否確認など、連絡を取りたい人たちとの連絡法がいくつかあります。非常時には電話回線がパンクしたりダメージを受けて家族との連絡がつかなくなることが予想されますが、そんな時は遠方の親戚や知人などの第三者を通して連絡する「三角連絡法」というものもあります。

＊右の図は「三角連絡法」です。ほかにもNTT災害用伝言ダイヤル“171”や災害用伝言版（携帯電話）などがあります。

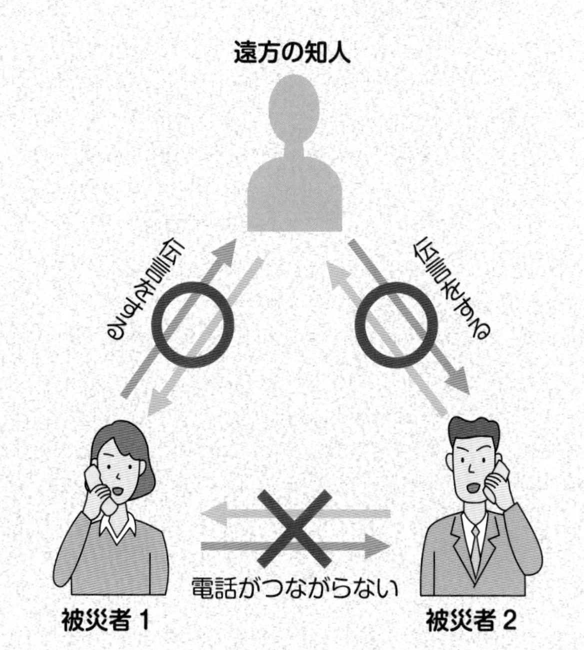

救命チェック 3 誰にでもできるサバイバル術

震災を生き延びるには、いわゆるサバイバル・テクニックが必要となります。山登りやキャンピングの好きな人、ボーイスカウト体験のある人はすでに身につけているかもしれません。友人どうし、キャンプに行った気分で体験しておくと“いざ”という時や思いがけない時に役立ちます。

●“いざ”という時に役立つ！ サバイバル術。

A 寒さから身を守る術

100円ショップなどで売っているビニール製の雨ガッパは安くて便利なアイテム。雨だけでなく、寒い季節には防寒具としても有効です。肌着の上に着て、その上にセーターなどを重ね着すると、風を通さないので保温効果が高まり寒さをやわらげることができます。

B 上着で担架をつくる術

太めの棒やさおが2本、それと友達か家族の誰かもう1人いれば2人で担架をつくることができます。1人が2本の棒（さお）を両手で握り、もう1人がその上着のすそをつかんでそのまま服をめくるように引っ張り、棒の真ん中あたりにかぶせます。もう1人も同じようにしてめくった服を合わせるとシーツになり、応急の担架ができ上がります。

C 服を着たまま水の中に落ちた時に助かる術

あわてず、背泳ぎをするように顔を上にして浮くようにしましょう。服の多くは保温力や浮力があるので、シャツやズボンのすそを絞って浮き輪代わりにすることが可能です。また、ペットボトルも浮き輪代わりになるので、もし誰かが水中に落ちたらペットボトルを投げ入れると助かる確率が高まります。カラだと遠くまで飛ばないので、その時はペットボトルに少し飲料を残しておく必要があります。

D ポリ袋と新聞紙で簡易トイレをつくる術

断水した時、洋式トイレの使い方には排水できるか、できないかで2通りに分かれます。排水できるならバケツ1杯の水で流すことが可能ですが、排水できない場合は2枚のポリ袋と新聞紙を使って簡易トイレに。つくりかたは、まず便座を上げてポリ袋ですっぽり覆います。次に便座の上からもう1枚のポリ袋をかぶせて、中に細かく破いた新聞紙などを入れて排便します。この方法で大きなバケツや段ボールもトイレに活用できます。

E バターをランプにする術

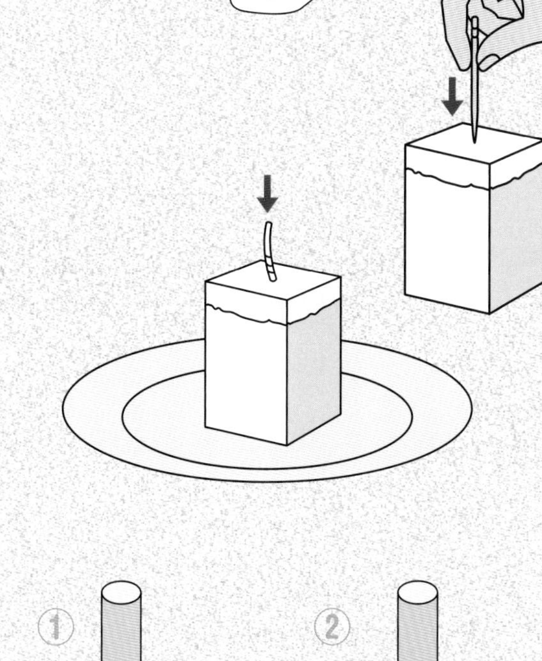

バターの成分は約80パーセントが乳脂肪で、燃焼効果のある油分を多く含んでいます。停電時には、大きめの四角形に切ったバターの断面につまようじで穴を開け、綿ひもを通すと応急ランプのでき上がり。綿ひもの先端にバターを塗って火を点ければ、約100グラムのバターで4時間ほど燃え続けるとされます。

F 結ぶのも、ほどくのも簡単な「もやい結び」の術

ロープの結び方の基本でもある「もやい結び」は、いざという時に大きな威力を発揮します。結び方は簡単。まずロープで輪をつくり、その輪に先端を通します。先端をぐるっと回して再び輪に通します。これで完成。あとは結び目を閉めれば丈夫な命綱になります。結び方がシンプルだからほどくのもシンプル。誰かを救助する時、される時、知っているかいないかで大きな差がでてきます。ぜひ習得しておきましょう。

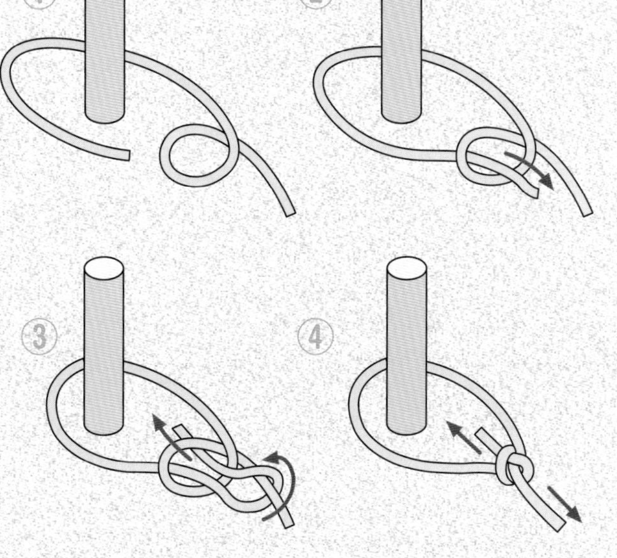

救急救命処置を知っておこう!

震災時には落下物で思わぬ怪我をしたり、予想もしないことが次から次へと起こります。まず自分の身を守るために救命法を身につけておくと、自分だけでなく周りで怪我をしたり動けなくなった人に手を差し伸べることができます。

A　やけど

軽いやけどならできるだけ早く冷水につけて約15分間ほど、傷みがなくなるまで冷やします。やけどが広い範囲にわたっている場合は体が冷えすぎないように注意。水ぶくれは破らないようにしましょう。重いやけどでは衣類の上から水をかけて厚みのあるタオルなどで包んでできるだけ早く医師の治療を受けてください。

B　出血

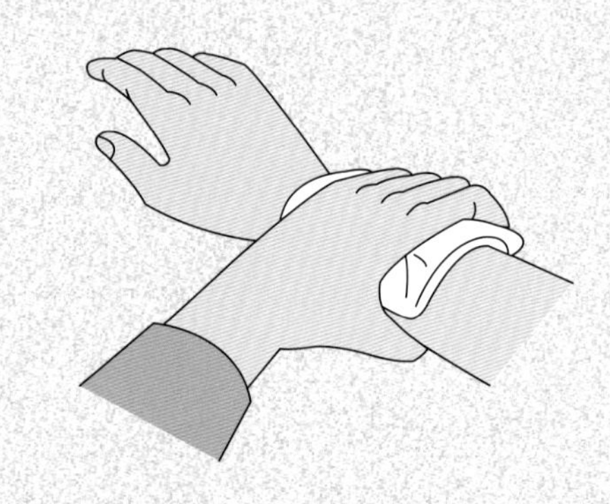

止血するには、出血しているところを清潔なガーゼやハンカチなどを当ててしっかりと押さえ、しばらく圧迫し続けます。清潔なガーゼやハンカチがなければアルコールを含んだお酒をしみ込ませて使います。また、包帯を少しきつめに巻くことも止血のための大事な要素です。

C　ねんざ

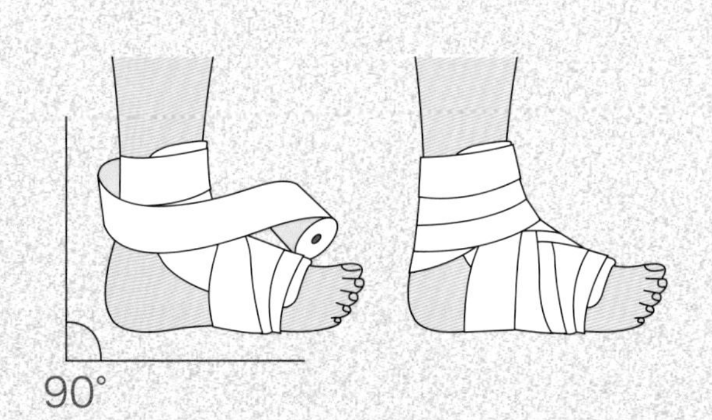

避難路にはどんな障害物があるかわかりません。大勢の人が押し寄せて混乱する中、途中でつまづいてねんざなどをする恐れがあります。足首はとくにねんざを起こしやすい部位で、適切な処置がその後の生活に大きな影響をおよぼしかねません。まずねんざしたらガーゼやハンカチなどを当てて、上から包帯を斜めに巻き上げ、最後にテーピングをして足首を固定します。巻く時には足首は直角にしておくことが肝心です。

D 骨折・脱臼

脱臼は骨の関節が外れた状態で、骨折は骨にひびが入ったり折れたりした状態のことです。腫れや痛みがひどく、肌が変色した時はその疑いがあります。まず、ダンボールや木片など固定できる副子（添え木）を患部に当てて動かないようにします。さらに三角巾などを使って固定した部分全体を包んで首から吊します。三角巾がない時にはシャツやズボンなどを代用してもいいでしょう。

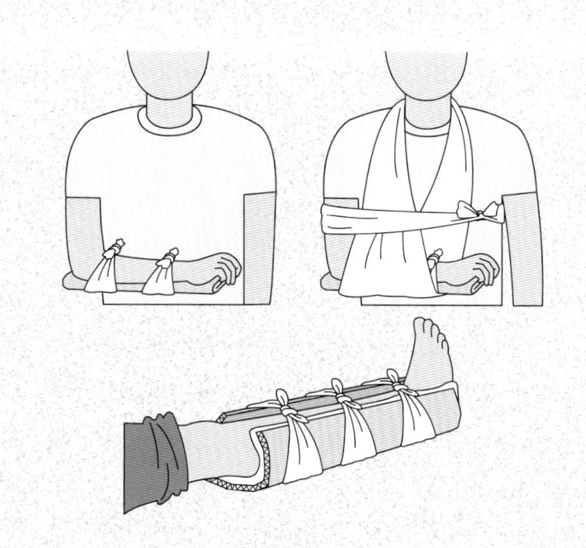

E 心肺が停止

心臓が止まり呼吸もしていない。災害時には普段考えもしないさまざまなことが起こります。もし、そのような危険な状況の傷病者に出会ったら・・？ 心肺機能が停止した人には心臓マッサージと人口呼吸を組み合わせた心肺蘇生法という応急処置があります。

① まず呼吸しているかどうかを10秒以内で確認する。

② 呼吸していなければ、胸の真ん中に両手を重ねて当てて、絶え間なく30回圧迫し続ける（胸骨圧迫）。

③ あごの先を持ち上げて額を押し下げ気道を確保したら、親指と人差し指で鼻をつまみ鼻孔をふさぐ。傷病者の口を覆うように密着させ、胸が膨らむのを確認しながら約1秒間息を吹き込む。膨らまない時は2回試みる。

④ 救急隊が到着するまで胸骨圧迫と人工呼吸を交互にくり返しおこなう。

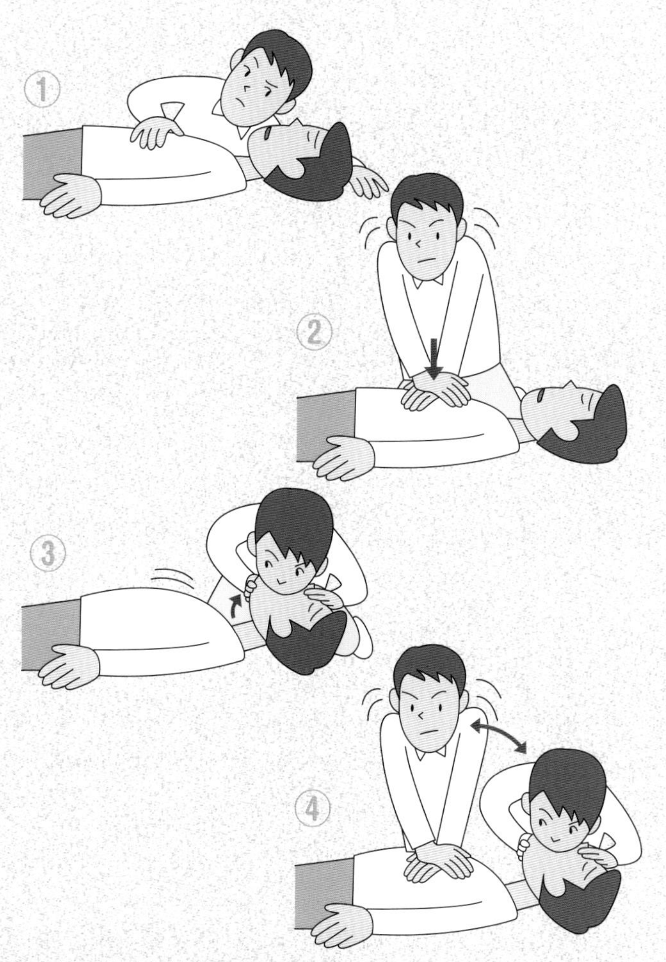

★AED はいつでも誰でも使えるの？

AED は心臓に電気ショックを与えて、機能を正常に快復させるための医療器具です。交番や公共施設など多くの場所に設置されていて、救急時にはいつでも誰でも使用が可能です。事前に設置されている場所や使い方をチェックしておいて、万が一の時に使えるようにしておきましょう。

内陸部と海沿いの人たちの準備と行動

25ページから27ページの「救命チェック② TPO」にもありますが、ここではおさらいとして「内陸部（都市）」に住む人たちと「海沿い」に住む人たちそれぞれの事前準備と緊急時の行動をまとめました。

内陸部（都市）に住む人たちは火災と建物崩壊に注意！

首都直下地震でもっとも大きな被害が予想されるのは火災と建物倒壊です。また、揺れが収まると平日の日中なら帰宅や避難所へ逃げる人たちで混乱状態となり、「群衆なだれ」に巻き込まれる危険性があります。埼玉県、千葉県、茨城県南部で最大989万人が帰宅困難になると言われます。状況が確認されるまで、できるだけ今いる場所にとどまるようにしましょう。

●屋内にとどまるか、逃げるかは建物の建築年によって違う!

大きな被害を受けた1978年の宮城県沖地震の教訓から、1981年に建築基準が改正されました。「新建築基準法」では震度6強から7でも建物が倒壊しないよう条件づけられています。自分の住まいや学校、よく利用する建物の建築年を確認しておきましょう。1981年以降に建てられたものなら、屋内にとどまり、それ以前の建物なら屋外に避難したほうが安全です。

★建築年がわからない建物の場合はどうすればいいの?

まず建物の中の柱をチェックしましょう。斜めやＸ字型に亀裂が入っている場合は危険性があります。強い揺れによってさらに亀裂が大きくなり建物の重さに耐えきれず、余震で倒壊する恐れがあります。一般の家屋は柱と壁で家屋全体を支えていますが壁にひびなどが入っている場合も要注意です。

★屋内では広い部屋の真ん中で身を伏せる!

倒壊の恐れのない屋内では、できるだけ窓から離れ、リビングなど広い部屋の中央に身を寄せること。転倒しないよう前かがみになって本や衣類などで頭部を守るようにしてください。また、屋外に避難した場合も、ビルの窓ガラスや看板の落下から身を守るためできるだけ広い道路の中央で身を伏せることがポイントです。

●電車や地下鉄、地下街で地震に襲われたら?

「救命チェック②」TPOにさまざまな場所での避難の仕方が紹介されています。「地震直後のとっさの判断と行動が生死を分ける」ということをしっかり頭に刻んで適切な対処を心がけるようにしましょう。

海沿いに住む人たちは津波に注意！

直下地震ではほとんど津波の心配はありませんが、海沿いでは、海溝型地震による津波の危険性に留意する必要があります。2011年の東北地方太平洋沖地震では津波によって多くの犠牲者が出ました。とくに南海地震では震源域が陸地に近いため、地震発生から津波到来までの時間が短く、いかに迅速に避難できるかがカギとなります。

いま、四国各県では、最速で高所へ行ける避難ルートの開発や避難タワーなどの設備を整備中で、各自治体などが率先して避難訓練も実施しています。「今日、明日にでも巨大地震は来るかもしれない」という危機意識を持って備えておくことが大切です。とくにお年寄りの多くいる地域では情報が届かないケースも考えられます。まず自分が率先して逃げることが最優先ですが、その前に若いみなさんでやれることがたくさんあります。自分が生きるために、隣の家のお婆さんも生き延びるために、いまからしっかり準備をしておきましょう。

●津波が30センチの高さで移動が困難になる!

マグニチュード（M）9.1の巨大地震が発生すると、関東から九州にかけて高さ3メートルの津波が押し寄せるとされます。南海地方は10メートル超の津波が押し寄せ、とくに高知県では34メートルの津波（マンションの10階の高さ）が想定されます。津波は上下する波ではなく、海水の圧力で移動するため、津波が30センチの高さでドアが開かず、路上では動くこともできなくなります。2メートルの高さだと木造家屋の半数が全壊、5メートルで2階建ての建物が水没すると言われます。なにより早めの避難を心がけることが大切です。

※被害想定は10ページ、津波発生のメカニズムは12ページを参照

▲巨大津波のイメージ

防潮堤▶

もう一度！覚えておこう防災標語

覚えて身につけよう！生き延びるための防災標語集

2011年に発生した東北地方太平洋沖地震の時に「津波てんでんこ」という言葉がクローズアップされました。これは東北地方の方言で「てんでんこ」は「てんでんばらばら」。「津波が来たら、家族や他人のことに構わず自分1人で避難しなさい」という意味です。

過去に何度も津波を経験した先人からの言葉で、これに従って行動したことによって多くの人々が助かったと言われます。くり返しになる言葉もたくさんありますが、この本のまとめとしてつねに覚えておきたい標語をラインアップしました。

・グラっと来たら外に出る！（1981年以前に建てられた家屋の場合）

・机の下より、ドアを開けて避難口を確保！（1981年以前に建てられた家屋の場合）

・グラっと来たら机の下に！（新耐震基準で建てられた家屋の場合）

・窓から離れた広い部屋の真ん中に！

・家具や本棚はしっかり固定！

・キッチンはいちばん危険な場所！

・声をかけ合い助け合う！

・最低でも7日間の水や食料を備蓄！

・食器棚にはストッパーを忘れずに！

・水洗トイレの水は流さずに！

・離れた家族と連絡「171」！

・連絡手段を家族で確認！（三角連絡法など）

・避難時は火の元、ガス栓、ブレーカー！

・ふろの湯はそのままためて残す！

・使わないコンセントにはキャップを！

・ベッド脇には避難用シューズを！

・エレベーターで地震にあったら即座にすべての階のボタンを押す！

・保存食は食べたら買い足すローリングストック法！

・万が一、閉じ込められたらホイッスル（笛を吹く）！

・いつも水と電池を持ち歩く！

・ムリに帰らずその場にとどまる！（外出先で地震が起きた場合）

・モノが落ちない倒れない工夫をしっかり！

「屋内避難」と「避難所への避難」、どう違う？

災害時に避難勧告や指示が出ても避難しなかったり、避難する必要がないのに避難所へ行く、といったケースが多くあります。大切なのは、状況に応じた正しい判断と適切な行動。「避難」には、Evacuation（エヴァキュエイション：危険な場所から安全な場所［避難所］への避難、退避）と Sheltering（シェルタリング：屋内避難、屋内待避）の2つがあります。危険が差し迫っている時に必要なのは、必ずしも避難所へ行くことではなく、より安全な場所（たとえば家の2階）に一時的に移動（屋内避難）することです。避難所へ移動しようとしたばかりに川に流されて命を落とした人もいます。「屋内避難」と「避難所への避難」の違いをしっかり覚えておきましょう。

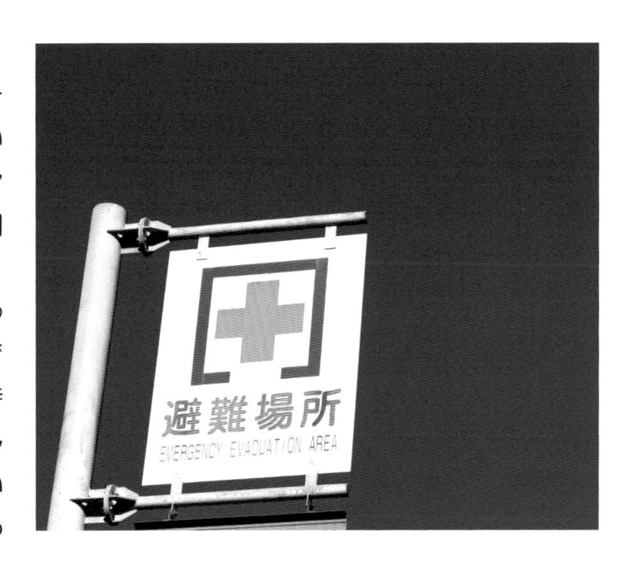

防災と救命！こんな時はどうすればいいの？

「防災」や「減災」「救命」に関する身近な疑問や本の中で紹介しきれなかった緊急時の対応のしかたなどを「Q&A」にしてみました。ほかにもたくさん「?」があると思います。家族で、友達と、学校の先生に・・。みんなで「?」を投げ合い、話し合いをくり返すことで防災のトライアングル効果が高まり、備えも万全になります。

Q1 家で愛犬を飼っているのですが、地震の時はどうすればいいのですか？

A ペットを飼っている人はいっしょに連れて避難する「同行避難」を勧めます。長く続く避難生活などではお年寄りの心の支えとなるケースも多く報告されており、ストレス解消にも効果があると言われます。事前に不妊手術や予防接種をしておくと安心です。

Q2 自分の町の避難所に水が押し寄せたり、火災に襲われたらどこへ避難すればいいのですか？

A 「広域避難」と言って、河川の氾濫など住んでいる自治体の全域が浸水する恐れがある時は、自治体の外へ避難できるよう、いま政府の中央防災会議の作業部会では東京、大阪、名古屋の3大都市圏で広域避難計画の考えを検討しています。

Q3 救助は 72 時間以内と聞きますが、それ以上だと助からないのですか？

A 水や食料などの補給がないと生命維持は72時間が限度とされ、人命救助は「災害発生後72時間が勝負」とか、3日目が「72時間の壁」などと言われます。しかし、生命力などに個人差があり、1週間近く経って救出された例も多くあります。「生きる」という強い意志や希望によって絶望的な状況から生還した例が世界にはたくさんあります。

Q4 家のすぐ近くに山林がありますが、土砂災害が心配です。どう対処すればいいのでしょうか？

A 大雨が降った後に大地震に見舞われると土砂崩れや地滑りなどが起きやすくなります。土砂崩れが起きる兆候（がけにひび割れができる、小石が落ちてくる、がけの斜面から水が噴き出す・・・・）を事前にチェックしておくと安心です。家族にお年寄りなどがいる場合には大雨注意報が出た時点で早めに避難することを勧めます。

Q5 川沿いのゼロメートル地帯に住んでいますが、堤防が決壊したらどうすればいいのですか?

A 大雨でなくても地震の揺れで堤防が決壊する恐れが指摘されています。本震には耐えても余震が続くともろくなって決壊の可能性があるので、早めに指定避難所へ避難すると安心です(13ページ「地震洪水のメカニズム」を参照)。もし、避難が遅れた時は家の2階や屋根の上に移動して身の安全を確保してください。

Q6 地震で火災が起きたら燃え広がらないうちに消火したほうがいいのではないですか?

A 地震火災は同時多発的に発生して消火が困難となります。1995年に起きた阪神淡路大震災では、地震とともに109か所で火災が同時発生し、逃げ遅れた600人近い人が犠牲になりました。火災を見たら少しでも離れて避難する。これが鉄則です。

Q7 地震や大雨の時に「避難情報」が出ても助からない人が大勢いますがどうしてですか?

A 「避難スイッチ」というものがあって、これを ON にしないと人は行動しないと言われます。自分は大丈夫という思い込み(正常性バイアス)が油断となってその場にとどまってしまい、逃げ遅れてしまいます。「避難スイッチ」を ON するきっかけは「避難情報」が出て環境の異変に気づいた時。いち早く判断してほかの人にも行動するよう働きかけましょう。(14 ページの「心の準備」を参照)

Q8 足の不自由な祖母や祖父がいるのですが、避難の時どうすればいいのですか?

A 足の不自由な高齢者といっしょの避難では家族だけでなく、近所の人たちの支援も必要になる場合があります。防災訓練などに積極的に参加して、近所の人たちの助けも借りられるよう緊急時の対応策を検討してもらいましょう。また、高齢者の視線で避難路に障害物がないかあらかじめチェックしておくのも大切なことです。

Q9 防災標語を覚えても、地震の強い揺れに動揺して冷静に行動できるかどうか心配です?

A 防災は事前対策が8割と言われます。起きてからできるのはせいぜい2割。ふだんから意識し、イメージしながらシミュレーションしておくことで、冷静に行動できるようになると言われます。スポーツ選手も、本番で実力を最大限に発揮できるよう、つねにイメージトレーニングをしています。

Q10 家の中で地震に襲われた時、テーブルの下に身を伏せるのが先か、避難路のドアを開くのが先かどちらですか?

A 強い揺れでも家具などがしっかり固定されていて危険が少なければ、まず避難ドアを開ける。もし、家具の転倒や天井からの落下物がある時は机かテーブルの下に身を伏せて、揺れがいったん収まったら避難ドアを開ける。怪我をしたり骨折などをしてしまったら避難できなくなってしまいます。

*33ページの「屋内にとどまるか、逃げるかは建物の建築年によって違う!」を参照

◎編著：佐久間博（さくま ひろし）

1949年、宮城県仙台市生まれ。20代より40年間広告コピーライターの仕事に従事。旅を最良の友として仕事のかたわら世界各地を巡り歩き、訪れた国は50ヵ国を超える。著書にアフリカでの体験を綴った「パラダイス・マリ」、汐文社刊「きみを変える50の名言（全3巻）」、「空飛ぶ微生物ハンター」がある。現在、広告業界を退いて旅に関するエッセイや小説などを執筆中。

◎協力：国立研究開発法人　防災科学技術研究所

◎おもな参考文献

「アエラ臨時増刊　震度7を生き残る」　朝日新聞出版　2012年

「防災　これだけは知っておきたいBOOK」　主婦の友社　2019年

「自衛隊　防災BOOK」　マガジンハウス　2019年

「緊急防災ハンドブック」　日本能率協会マネジメントセンター　2019年

「東京防災」　東京都　2017年

◎イラスト：福田行宏（ふくだ ゆきひろ）

◎資料・画像提供：防災科学技術研究所／PIXTA

いつ？どこで？

ビジュアル版 **巨大地震のしくみ**

③ 地震！そのとき!!防災チェック

発　行　2020年3月　初版第1刷発行

編　著　佐久間博

発行者　小安宏幸

発行所　株式会社 汐文社

東京都千代田区富士見1-6-1　〒102-0071

電話：03-6862-5200　FAX：03-6862-5202

URL：https://www.choubunsha.com

企画・制作　株式会社 山河（生原克美）

印　刷　新星社西川印刷株式会社

製　本　東京美術紙工協業組合

ISBN978-4-8113-2636-8　NDC453